中国传统建筑装饰系列

窗

蓝先琳/著

图书在版编目（C I P）数据

窗/蓝先琳著. —天津: 天津大学出版社，2008.7
(中国传统建筑装饰系列)
ISBN 978-7-5618-2706-2

Ⅰ.窗… Ⅱ.蓝… Ⅲ.窗-古建筑-建筑装饰-建筑艺术-中国 Ⅳ.TU228

中国版本图书馆CIP数据核字（2008）第098833号

责任编辑 韩振平
装帧设计 高大鹏工作室

出版发行 天津大学出版社
出 版 人 杨 欢
地　　址 天津市卫津路92号天津大学内（邮编：300072）
电　　话 发行部 022-27403647 邮购部 022-27402742
印　　刷 北京画中画印刷有限公司
经　　销 全国各地新华书店
开　　本 195mm × 225mm
印　　张 13
字　　数 166千
版　　次 2008年7月第1版
印　　次 2008年7月第1次
定　　价 312.00（共四册）

目

录

序

中国传统建筑有数千年的悠久历史，是天工开物的硕果，是灿烂文化的结晶。历经千年沧桑，我国传统建筑风韵犹存，类型丰富浩如烟海，装饰精美巧夺天工。留传至今的建筑遗存弥足珍贵，既是中华民族的无价瑰宝，也是全人类共同的文化遗产。装饰是建筑发展到一定时期的产物，是建筑风格的时代表征：远古时期，史前建筑萌芽，先民们“筑巢”、“营窟”，以智慧的“星星之火”，迎来了文明的曙光；夏、商、周三代，建筑已具雏形，装饰形态初见端倪，风格古拙、质朴；秦汉时期，建筑全面发展，木结构体系基本形成，装饰工艺全面开拓，风格硬朗、豪放；隋唐时期，建筑渐趋成熟，装饰成就雄视前朝，风格华美、大气、不拘一格；宋元时期，建筑全面成熟，装饰工艺规范注重修饰，风格柔美、矜持；明清时期，建筑高度成熟而至巅峰，装饰刻意雕琢穷其工巧，风格精致、繁丽、烦琐。

中国建筑的细部装饰，历经千百年的锤炼，巧夺天工、精美绝伦，是传统建筑最亮丽的风景线。建筑装饰是艺术与技术相结合的产物，材料技术是产生特定艺术品质的前提。材料既是建筑的物质基础，也是影响装饰风格的重要因素。装饰与结构有机结合是中国传统建筑的一大特点，建筑节点往往是装饰的“点睛”之处。民间工匠在承袭前人的基础上探索、创造，将木雕、石雕、砖雕、琉璃、彩画等建筑装饰工艺发展至炉火纯青，在建筑的不同结构界面上，装饰技艺各显其能、尽情发挥，并形成各具特色的风格流派。

风格是时代、民族、地域、文化、艺术等综合因素的产物。成熟的风格都具有鲜明的特色、稳定的品质与深刻的内涵。中国传统建筑根植于深厚的历史积淀之上，地大物博，民族众多，丰富的物质、文化形态导致建筑类型的多样化以及装饰风格的多姿多彩。按建筑的文化属性分类，中国传统建筑可概括为官式建筑、民间建筑两大体系。官式建筑以皇家建筑为主导，装饰风格雍容、大度，美轮美奂。民间建筑包括乡土建筑、市井建筑等内容，作品出自民间，惠于自然，建筑风格淳朴、清新、丰富多变。

建筑装饰是精神、文化的载体。中国传统建筑承载着丰富的文化内涵，不同历史时期的宗教、哲学、艺术无不渗透其间。剖析传统建筑及其装饰的文化现象，不难得出以下结论：一是原始宗教、图腾文化，在各地建筑装饰中多有遗存，对边远少数民族建筑影响尤深；二是儒、道、释等传统思想，渗透于建筑的方方面面，潜移默化地影响着人们的思想、行为；三是“辟邪”、“厌胜”、“祈福求祥”等传统观念，在建筑环境与装饰中多有表现，剔除其迷信糟粕部分，仍不失科学及以人为本的积极一面。题材内容是建筑装饰的灵魂，特定文化的注入，使其成为历史文脉、民族精神与审美取向的承载体，成为百姓美好意愿的寄托体，正因为如此，传统建筑装饰才具有如此持续的生命力，赏心悦目光彩至今。

“中国传统建筑装饰系列”丛书，以建筑的细部装饰为载体，略说历史渊源，概述材料工艺、类型体系，深入浅出地解析风格流派及文化内涵。本丛书以建筑装饰的艺术表现为中心，强调艺术与技术的互动关系；综合历史、民族、宗教、习俗等人文因素，力图较清晰地梳理脉络，由点及面地展示中国传统建筑的艺术风采，使读者对建筑的结构细部、装饰风格和文化内涵有相对清晰的了解，能在较高的层面上领略其风貌，意会其精神，以至发扬光大，承传出新。

综述

窗又称窗户，“户”者门也，可见窗与门有相通之处。虽如此，门、窗终究是两个不同的概念，具有不同的形态与功能。关于门、窗的功能之别，钱钟书先生在《窗》一文中有定性之说：“有了门，我们可以出去；有了窗，我们可以不必出去。……门是人的进出口，窗可以说是天的进出口。”由此看来，门的主要功能是予人出入之便；窗的功能则是吸纳天光，使人足不出户便可欣赏到窗外的景致。窗有诗情画意的浪漫，杜甫“窗含西岭千秋雪，门泊东吴万里船”的诗句流传千古。窗又是亲情与友情的象征，古代称同学为“同窗”、“窗友”；现代称直接服务于人的行业为“窗口行业”。人们常把眼睛比作“心灵的窗户”，推而论之，窗或可称作“建筑的眼睛”，其意义不言而喻。

【谈古论窗】

中国传统建筑的窗渊源久远，其发端可追溯到原始穴居和半穴居时代。北方的原始先民曾构筑过一种袋形竖穴，这种竖穴在土地上垂直挖掘而成，上部用伞状顶盖遮挡。为便于出入和通风采光，人们在顶盖的边沿留一个缺口，这便是门、窗的最早雏形。后来，随着地面建筑的出现，墙与屋顶逐渐分化成两部分。与此同时，墙上出现了专供出入的门，屋顶上出现了专供通风采光的“囱”。囱与门不仅有明确的功能分工，而且产生了最初的对位关系。上古时期的囱不过是屋顶上的简陋开口，还暴露着树枝编扎的屋顶结构，平时敞开以便通风采光，雨雪天必须堵塞以防渗漏。这种原始囱曾在相当长的历史时期内流传，一直保持到商周时期，后世的天窗和烟囱大概是囱最直接的传承。其后，随着地面建筑的演进，出现了两面坡建筑，囱逐渐从屋顶移至檐墙和山墙，由此产生了真正意义的窗，古代称之为“牖”。《说文》云：“在屋曰囱，在墙曰牖。”可见囱与牖的区别在于：前者位于屋顶，后者位于墙上。牖在屋檐的遮盖下免受雨雪侵袭，从而解决了囱难于防水的问题，这是古代通风技术的一大进步。在其后的漫长岁月中，

史前建筑的窗（模型）　西安半坡遗址

釉陶仓　东汉　青州博物馆藏

绿釉陶戏楼　东汉　河南省博物馆

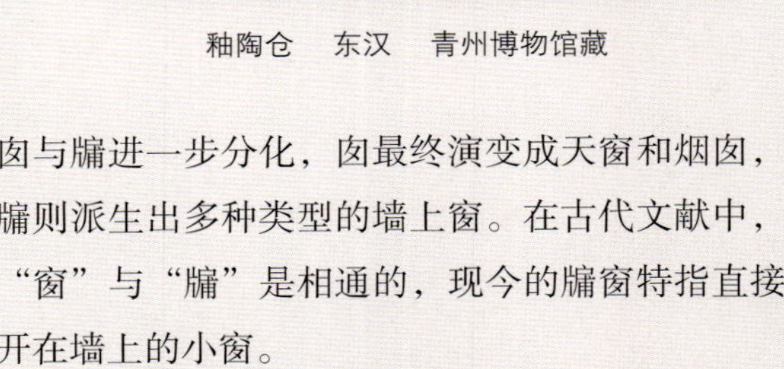

囱与牖进一步分化，囱最终演变成天窗和烟囱，牖则派生出多种类型的墙上窗。在古代文献中，“窗”与“牖”是相通的，现今的牖窗特指直接开在墙上的小窗。

商周时期的窗，实物早已荡然无存，其形制已很难考证，只能从相关文物中寻其踪迹。藁城台出土的商代遗址中，有长方形、三角形的风窗和木棂窗遗迹。遗址中的木棂窗高1m，宽达1.9m，可见当时室内通风、采光的水平已有长足进步。至周代，窗的形制更加丰富。出土的西周兽足青铜方鬲，前设双扇板门，其余三面均有十字棂漏窗。另有一例战国伎乐铜屋，两侧均为带棂心的落地窗，相当于后世的隔扇；其后部开十字棂漏窗，造型古朴、通透。早期的窗虽然工艺稚拙、造型单一，却在很大程度上丰富了建筑立面，室内的通风采光也因此得以改善。

秦汉时期，建筑技术得以长足发展，特别是榫卯工艺的普遍应用，使高大的楼阁不再依附夯土高台。建筑的发展使窗的形制更加丰富，一些出土的汉代明器保留了窗的实物印记，使我们能超越历史想见其貌。较之前朝，牖窗的类型更加丰富，窗框有矩形、方形、圆形等类型；窗棂有直棂、横格、网纹等式样。这一时期的窗多设于南墙之上，门的上部出现了横披窗以及屋顶的天窗、悬山檐下的通风窗等。东汉时已出现纸张，因产量有限尚未用于裱糊窗户。严冬时节为御风

窗棂　北宋　宁波保国寺大雄宝殿

井纹推窗　宁波保国寺

寒，人们用泥土堵塞窗户，或用丝、麻等织物蒙在窗上。秦汉时期已发展出本土的铅基玻璃，时人称之为琉璃。据《西京杂记》描述，汉成帝的昭阳宫中“窗扉多是绿琉璃，亦皆达照”。汉代的室内陈设盛行各种幔帐，窗前多悬挂织物，此乃后世窗帘之嚆矢。

唐代建筑以宏大的规模超越前朝，作为细部结构的窗与建筑主体呼应，显示出盛唐的雄丽风格。随着窗面积的增大以及开启功能的出现，室内的通风采光有了较大改善。这一时期的建筑沿袭魏晋遗风，以廊庑连接房舍组成复杂多变的庭院。廊庑的墙上有连续排列的直棂窗，这种窗多数是固定的，不能开启。直棂窗的主要样式有“破子棂窗”和“板棂窗”。棂条断面呈三角形者称之为破子棂，断面呈矩形者称之为板棂。直棂窗的棂条多为奇数，棂条长的要加横向的承棂串。时至今日，在遗存的唐代佛寺中仍可见到这种古老的直棂窗。

宋代建筑技术成熟，装修木作精益求精，窗的形制更加完善，类型更加丰富，窗扇的开启、关闭更加自如。这一时期，建筑大多采用透光且通风的木棂窗，时人称之为“亮隔”或“凉隔”。窗上糊轻薄、透明的丝绸或纸。宋代不仅有沿袭唐代的直棂窗，还有槛窗、阑槛钩窗等。槛窗的结构类似落地组装的格门，因置于槛墙之上而得名。槛窗的窗扇仅有格心和涤环板，组装

甲骨文之向与炯

后有较大的通风采光面积，而且可拆卸、转动。宋时出现的阑槛钩窗，是内装槛窗外设栏杆的一种复合样式，开窗后可以靠在栏杆上欣赏景致。这种优雅样式流传至今，徽州等地的明清古宅中仍可见其遗踪。宋代格门的广泛应用，促使横披窗相应发展。山西崇福寺金代弥陀殿的横披窗，以繁丽的古钱纹、三角纹等与格门呼应，形成精美的立面风格。这一时期，木作技艺精湛、纯熟，棂花纹样丰富，装饰风格精细、严谨。宋元时期，江浙一带的寺庙盛行一种"睒电窗"，优美的曲棂犹如水波荡漾，极富韵律之美，流传于日本的《五山十刹图》记载了这种窗的样式。清代隔扇有一种水波纹，造型与之相仿，想来应是睒电窗纹样的变体。

明清是中国封建社会的尾声，经济全面发展，文化高度成熟，传统建筑进入全盛时期。文人雅士抱着出世的心态追求精致生活，参与营建园林建筑，撰写造物艺术理论，使传统装修发展到前所未有的高度，从而带动了窗的发展。这一时期，窗的形制成熟，类型极为丰富；工艺制作规范，精益求精。明清的窗棂纹饰极为丰富，可概括成直棂、菱花、棂条三种类型。唐宋盛行的直棂窗已渐稀少，至明代发展成"一码三箭"的样式，清代仅在次要建筑中采用这种窗型。菱花类的隔扇窗精致、细密，费工费时，多用于宫廷、寺庙。棂条类型的隔扇，疏朗有致，适应性强，在民间建筑中得以尽情发挥。在江南园林中，漏窗、洞窗和长窗精巧、雅致，成为最具景观价值的构件。明清是建筑遗存最多的朝代，且不乏文字资料诠释，因此，我们能较全面地领略其窗文化的风采。相比之下，明代的窗风格更疏朗、简洁，讲求整体韵味；清代的窗更重雕饰，风格较繁丽。

牖窗品类

中国传统建筑的窗，历经数千年的发展，最终演化成丰富多彩的样式。窗的类型可从造型样式、材料工艺、开启方式、建筑属性等方面予以区分。

一般建筑上的窗形状较少变化，多为矩形或方形。园林建筑的窗造型最丰富，江南园林的漏窗常见方形、圆形、六角、海棠、汉瓶等样式。北方园林的什锦窗，以外形的序列变化取胜，有菱形、圆、六角、梅花、海棠、桃、葫芦、汉瓶等样式。从窗棂样式上区分，有直棂式、菱花式、棂条式等类型。

从材料上划分，有木窗、砖窗、琉璃窗、石窗、金属窗等类型，其中木窗最为常见。木窗的工艺有素作、雕刻、油饰彩画等，江南一带较多素作木雕窗，北京地区的木窗常以红、绿等色油饰，岭南地区以金漆木雕窗最具特色。砖窗多为不能开启的固定窗，常见于园林中的园墙。石窗、琉璃窗常见于岭南地区。按传统装修工艺划分，有大式窗、小式窗之分：大式做法严谨、华贵，多用于官式建筑；小式做法工艺相对简单，形式自由多变，广泛应用于各地民间建筑。

按开启方式区分，有固定窗、平开窗、支撑窗、推拉窗等。固定窗如什锦窗、漏窗、洞窗、景窗等；平开窗有长窗、槛窗；中悬窗有支摘窗、和合窗等。从窗扇的组装形式上区分，既有系列组合的也有单一心屉的样式，前者如槛窗、支摘窗、和合窗、长窗，后者如景窗、什锦窗、洞窗、牖窗等。

天童山殿堂门窗　宋　《五山十刹图》

从建筑属性上区分，有宫殿窗、寺庙窗、住宅窗、园林窗等类型。概而论之：宫殿窗尺度大，用料精，采用严谨的大式做法，风格精致、华丽，尽显皇家气派；寺庙窗风格静穆、沉稳，体现宗教的神圣教义。住宅窗强调功能性，在地域经济、文化的影响下，形成各具特色的风格。园林窗讲求精致、通透，重视成景的诗画意趣。

窗在建筑上的空间位置，在很大程度上决定其形态、功能。长窗是一种组合式的落地窗，北方称隔扇门，江南地区称之为长窗。这种窗大多安装在前后步架和前后廊架上，兼有门与窗的功能：窗扇上部有通透的棂心，既可通风又可采光；窗扇直落地面而且启、闭自如，有方便出入的特点。

槛窗、支摘窗、和合窗大多位于前檐槛墙上，呈大面积的组合式排列，从而获取充足的阳光。槛窗通常为六扇，由槛框内的若干窗扇组合而成。窗扇的结构和尺度与长窗相似，但窗扇较短，很少设裙板。若用栏杆替代隔扇窗下的槛墙，则称之为地坪窗。同一建筑的槛窗与隔扇，多数采用相同的工艺和装饰手法，以便形成统一协调的立面风格。南方某些地区，将槛墙部分换成可拆卸的“提裙”，当提裙和窗扇同时拆除，房屋便四面通透成为敞厅。支摘窗也是槛墙上的窗，窗扇为横长的矩形，分上、下两排，上部的支窗可支起来便利通风，下部的摘窗可摘除以利

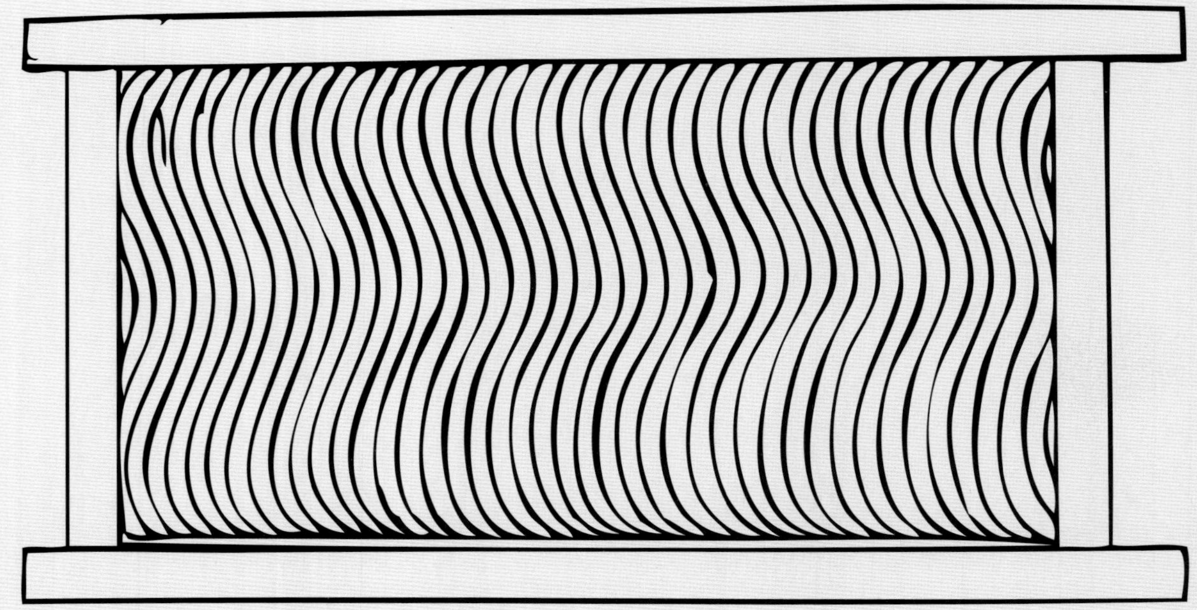

天童山殿堂门窗　宋　《五山十刹图》

采光。和合窗是支摘窗的一种变体，多为三排，这种窗通风透气性好，多数窗扇都可以打开，常见于岭南民居和江南园林。

横披窗位于门或窗的上方，特别适用于较高的房屋。心屉呈扁长方形，装在上槛和中槛之间。横披窗可扩大通风采光的面积，并使立面的比例分割更趋合理。

牖窗是较含混的概念。广义的牖窗，指所有直接开在墙上的窗，包括棂格窗、景窗等。在北方传统建筑体系中，牖窗特指山墙和后檐墙上的小窗。山墙上的牖窗多为砖砌花窗，也有琉璃窗、石窗，一般不能开启，是固定的窗。窗框以水磨砖拼接而成，外形有方、长方、六角、八角等，棂心纹样不拘一格。后檐牖窗常见于北方四合院的倒座房，因为用于普通的居住性建筑，所以结构相对简朴，多为方形木窗。

什锦窗、漏窗和洞窗常见于古典园林，多位于园墙或合院的看面墙上，有装饰墙面和造景的功能。北方古典园林中的什锦窗以外形取胜，横向排列点缀于园墙之上，造型各异、玲珑通透，在湖光山色的映衬下成为一道美丽的风景线。漏窗更注重窗棂心的变化，多以薄砖、瓦片拼成，或以铁花制成精美的窗心。漏窗大多位于园林景墙之上，不仅美化墙体，还能丰富空间层次、加强虚实对比，使空间隔而不断、通透流畅。洞窗不设心屉只有窗框，实为中空的窗洞，有框景成

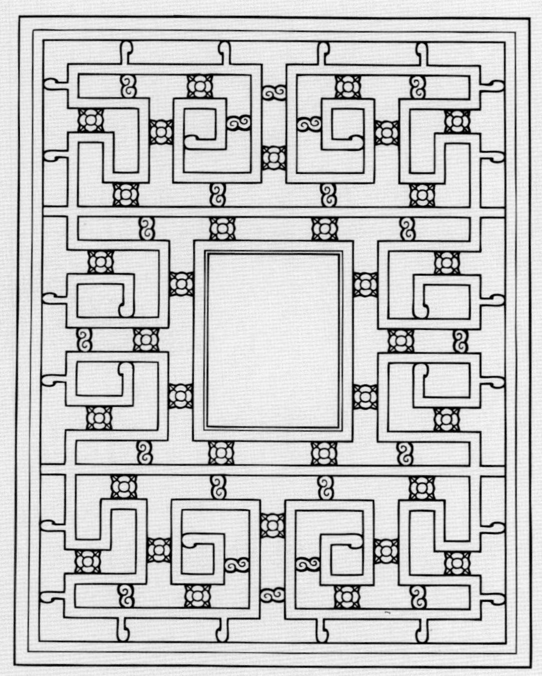
花草拐子　窗棂心

嵌花拐子　窗棂心

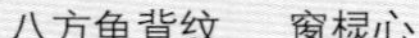

八方龟背纹　窗棂心

蝠领云拐子　窗棂心

画的妙用。

在窗的家族中，还有一些颇具特色的类型：天窗位于屋顶，适用于不宜开窗的幽闭房屋，以获取必需的通风采光；透风位于墙偏下部位，以便及时散发来自地下的潮气，从而保护墙体中的木柱；黄土高原的窑洞窗，门一般设在拱形洞口的下部中间，上部设弧形横披窗，门两侧设半窗，门窗浑然一体别有意趣。

综上所述，窗的分类涉及多方面的因素，我们很难系统、全面地予以分类界定。现实中，同一种样式的窗在不同历史时期、不同地域往往有不同的名称；反之，以同一名称命名的窗，由于出处不同，可能大相径庭。本书在综合分析专业概念的基础上，从赏析的角度予以分类介绍。

窗饰艺术

装饰能加强建筑的识别性与个性特征，是中国民间建筑最重要的特色，也是精华所在。窗的装饰不仅丰富了建筑的整体造型，还在一定程度上提升了建筑的文化品质。中国传统窗的魅力，在于结构与装饰的完美结合，装饰工艺在结构中应运而生。传统窗多为木构，木材是具有自然亲和力的材质，而且易于加工，传统的木作技艺巧夺天工，将材料工艺之美发挥到极致。除此之外，砖雕、石雕与彩画等传统工艺也在窗饰中得以发挥。

窗的装饰结构是由窗框、窗扇、窗套、窗罩、饰页等组成的。什锦窗是以窗框的外形变

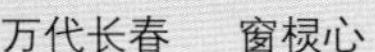

万代长春　窗棂心

团寿拐子　窗棂心

花草拐子　窗棂心

化为主要装饰手段，主要类型有几何形、植物形、器皿形等。几何形有方、长方、六方、五方、八方、菱形、圆等；植物形有石榴、桃、葫芦、梅花、贝叶等；器皿形有方胜、双环、卷书、扇面、汉瓶、玉壶、银锭等。木窗框很少雕饰，常以红、绿、黑等色油饰，藏式窗的窗框常饰以富丽的彩画。砖窗框可施用砖雕工艺，北方什锦窗的砖雕窗套尤为精美，往往成为游人观赏的亮点。

窗罩是窗户上部伸出的屋檐式构件，具有防雨、防晒的功能，以木结构或砖结构居多。藏式窗采用木构的彩绘窗罩，层次分明、色彩华丽，显示出浓郁的民族风格。江南一带的民居建筑，牖窗上部常见砖雕窗罩，结构上模仿木窗罩，但屋檐进深很小，注重装饰效果，多数砖雕精美，风格素雅。

窗扇是窗的主体部分，面积大而且位置居中，特别是窗扇的心屉部分，多为装饰的重点部位。漏窗、什锦窗等多为固定式窗，没有可开启的窗扇，心屉部分仍是装饰的重点。窗棂是传

嵌花拐子　　窗棂心

统窗的精华所在，古往今来，随着木作技艺的不断发展，窗棂的演化异彩纷呈，更兼地域差异、时代变迁，每每花样翻新、穷其工巧，其中不乏精美绝伦的传世之作。心屉内窗棂的工艺形式有两种，一是棂条型，二是透雕型。窗棂的装饰题材广泛、内容丰富。民间工匠巧妙地运用象征、寓意等手法，把祖祖辈辈的美好愿望描绘窗上，将民族的精神与审美情趣融入其间。

棂条型窗的棂心以锦纹为主，辅之以各种吉祥纹样，其纹样类型与隔扇心相同。锦纹是以几何形为主的四方纹样，多数以棂条组构而成，主要有菱花锦、步步锦、龟背锦、万字锦、拐子锦、盘长、套方、码三箭、灯笼锦、冰裂纹等，在这些纹样的基础上演化，便可创造出无穷的样式。

步步锦又称"步步紧"，以垂直相交的横线和竖线分割画面，棂条间以卡子花衔接，构图均衡，造型简洁大方。步步锦有"步步锦绣"、"前程似锦"的吉祥寓意，是民间百姓喜闻乐见的装饰纹样。

龟背锦以偏长的八边形为基本形，连续排列组构而成。龟背锦与龟壳纹理相仿，由此而得名。中国人以龟为长寿神灵，因此龟背锦有“多寿”寓意，并成为民间建筑常见的窗棂纹样。

万字锦又称“万字不到头”、“万字流水”，是以卍字为基本形组合的连续纹样。佛家认为卍是释迦牟尼胸前显现的“瑞相”，寓意“万德吉祥”。民间广泛应用的万字锦，有吉祥如意、富贵长久之寓意。

拐子锦又称拐子、夔纹。拐子锦的棂条分布，具有横向和竖向连续转折的特点，构图既严谨又富有变化。窗棂上的拐子纹，棂条端头常饰以龙头，称其为“拐子龙”、“龙花拐子”、“夔龙”等；也有饰以凤头的样式，称之为“凤头拐子”；如果棂条端头龙、凤兼有，则称之为“龙凤拐子”。另外，还有一种像蔓草一样连续卷曲的纹样，称之为花草拐子。“拐”与“贵”谐音，寓意富贵；连续不断的纹样寓意富贵绵长。龙是中国人尊崇的神兽，又是天子皇族的象征。慑于封建等级制度的淫威，民间工匠创造了活泼多变的草龙拐子，借以取代龙的正统形象。

盘长是佛教的标志“八宝”之一，有“四环贯彻，一切通明”之含义。图案模拟绳索编结，纹样盘曲连接，无头无尾，无终无止，寓意源远流长、福泽永济，故称“盘长”或“盘肠”。盘长在传统建筑中应用广泛，是传统窗常用的棂心纹样。

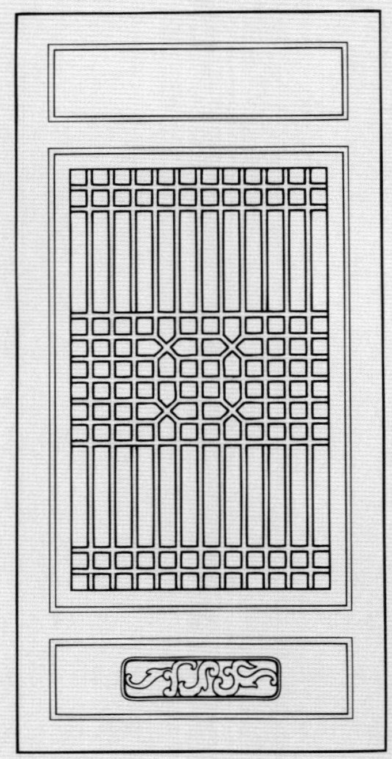

书条穿灯景　窗棂心

井纹套长方　窗棂心

套方是以若干方框套叠而成的四方纹样。这种纹样造型简洁、大方，常与其他锦纹组合构图，是民间传统窗常用的样式。

码三箭由古代的直棂窗纹演变而成，在形制古老的建筑中往往能看到这种样式。码三箭的棂条以竖向平行排列为主，以横向垂直穿插为辅，造型简洁，疏密有致，常用于宫廷的次要建筑或寺庙。

灯笼锦又称灯笼框，以象征灯笼的长方框为基本图形，方框之间用卡子花或棂条连接，有序地排列组合而成。灯笼锦的长方框中有较大的空白，不仅有利于采光，还可在上面题诗、作画或贴剪纸。灯笼是年节庆典的装饰用品，灯笼锦寓意光明、喜庆。

冰裂纹模仿自然中的冰面裂痕，用较短的棂条以不同的角度拼接而成，纹样和谐自然，颇具形式美感，是江南园林建筑常用的窗棂样式。

海棠纹以四个半圆围合，组构成四瓣海棠花的样式，以此形组合连续纹样，图案精美、富有变化。古人称海棠为“花中神仙”，以海棠纹为主的构图寓意吉祥，牡丹与海棠组合称之为“富贵满堂”；玉兰、海棠和牡丹组合称之为“玉堂富贵”。

菱花窗是古老而又正统的窗型，花形密实、精致，很费工，多用于宫殿、寺庙。菱花组合呈方格状的称双交四椀，方格又有正交斜交之分；组合呈六角形的纹样称三交六椀，又有三交六椀菱花、三交六椀球纹等样式。

雕花窗，特别是透雕花窗，心屉纹样精致、细腻，立体感强，层次丰富，但工艺要求高，费工费时。满地透雕的心屉在民间建筑中屡见不鲜，山西、江苏、浙江和安徽等地的雕花窗尤为精美，题材内容丰富，花卉、鸟兽、山水、人物故事无所不有，风格上各具特色。

饰页又称面页，是加固窗框架的金属配件，多为铜制，一般附着在边梃或抹角处，有角叶、人字叶、看叶等类型：角叶有L形单拐角页和F形双拐角页，人字页有丁字页和双丁字页两种，看页均为一字形。面页上常饰有精美的装饰纹样，不仅使窗户更加耐用，还有很强的装饰作用。

中国传统的窗由精湛的技艺、深厚的文化内涵与独特的艺术形式熔铸而成，巧夺天工，意趣隽永。官式建筑的窗华丽、严谨，体现出较高的工艺水平。民间建筑的窗，由于创作者多为民间艺人，因此装饰手法质朴、清新、不拘一格；物质条件与民俗文化区域的差别，使得装饰风格异化而各显地方本色。窗的装饰题材广泛，内容包罗万象，集中反映了中国传统的思维方式、文化观念与伦理准则，寄托着人们世世代代的美好愿望。特别是那些原汁原味的历史遗存，历尽沧桑流传至今，每扇窗都承载着中国历史的沉积，彰显着过去时代的人文精神，展示着美轮美奂的艺术风采，无论从那个角度分析，这些历史遗存都弥足珍贵，它们是中华民族的，也是全人类共同拥有的宝贵遗产。窗是中国传统建筑的眼睛，深沉而亮丽。这扇窗可以把世界吸纳进来，我们也可以由此走向世界。

檻窗

槛窗

槛窗又称隔扇窗，广泛应用于殿堂、园林和民宅。这种窗与隔扇门相似，窗扇为竖长形，排列组合于两柱之间的槛墙上，并嵌置于槛框内。也有将窗扇直接安在栏杆上的样式，称之为“地坪窗”。隔扇窗是一种多扇组合的窗，可根据开间尺度，安排四扇、六扇、八扇不等。窗扇一般向内开启，必要时可摘除。隔扇窗的窗扇由心屉、绦环板、边梃、抹头、面页等组构而成。棂心部分施以雕刻、攒斗、髹漆等工艺，是装饰表现的重点部位。殿堂、寺庙等高级别建筑的隔扇窗，多采用细密的菱花类纹样，有的用整块木板雕琢而成，风格华丽、精美，但通透性较差。我国西南地区有一种棂窗，结构与槛窗相仿，棂心较宽，但很少开启，功能以透光和装饰为主，其下部的槛墙为木板结构。

蝠领云窗棂　浙江东阳

福寿灯笼框槛窗　江西婺源思口延村

喜鹊登梅窗棂　浙江东阳

福庆夔纹槛窗　　成都

双交四椀槛窗　　云南丽江白沙文昌宫

钱纹槛窗　云南剑川景风阁

铜槛窗　北京颐和园铜亭

楠木槛窗　北京北海大慈真如宝殿

槛窗　浙江宁波保国寺

直棂龟背纹槛窗　江苏苏州

冰裂纹玻璃屉槛窗　江苏苏州耦园

直棂龟背纹槛窗　江苏扬州个园

槛窗　四川雅安上里

夔纹槛窗　浙江东阳卢宅

套方菱花槛窗　西安化觉巷清真寺

双交四椀槛窗　云南丽江白沙文昌宫

畲族槛窗　北京中华民族园

灯笼框槛窗　山西榆次常家庄园

槛窗　云南丽江白沙大定阁

四合如意纹槛窗　云南丽江束河古镇

龟背套方槛窗　云南剑川沙溪

钱纹槛窗　云南丽江白沙

步步锦灯笼框槛窗　贵州镇远青龙洞

双交四椀槛窗　北京故宫

夔纹槛窗　安徽黟县西递

拐子灯笼框槛窗　山西榆次常家庄园贵和堂

槛窗　安徽黟县西递

龟背海棠纹槛窗　四川眉山三苏祠

步步锦槛窗　福建泉州蔡宅

龟背锦槛窗　成都文殊院

海棠纹槛窗　安徽黟县南屏

菱花灯笼框槛窗　成都青羊宫混元殿

福庆槛窗　四川乐山乌尤寺

三交六椀菱花槛窗　北京万寿寺

灯笼框卡子花槛窗　山西榆次常家庄园

冰裂纹槛窗　江苏苏州拙政园

花鸟木雕槛窗　云南丽江束河古镇

槛窗　北京故宫御花园万春亭

带风窗的双交四椀槛窗　北京故宫

槛窗　北京九天普化宫

步步锦推窗　浙江东阳卢宅

万字灯笼框槛窗　成都武侯祠

三交六椀菱花槛窗　北京故宫太和殿

三交六椀菱花槛窗　北京万寿寺

铜槛窗　　北京颐和园铜亭

楠木槛窗　　北京北海大慈真如宝殿

四合如意槛窗　北京中山公园

带风窗的三交六椀菱花槛窗　北京故宫永寿宫

万字锦槛窗　西安化觉巷清真寺

卡子花灯笼框槛窗　西安化觉巷清真寺

三交六椀菱花槛窗　北京故宫中和殿

花鸟木雕槛窗　云南大理喜洲严家大院

双交四椀槛窗　云南丽江白沙文昌宫

拐子锦槛窗　西安化觉巷清真寺

地坪窗　安徽歙县

灯笼框槛窗　四川雅安上里大水湾韩家大院

四合如意隔扇风窗　山西灵石王家大院

套方灯笼框槛窗　云南丽江

贰 栏杆雕窗

栏杆雕窗

栏杆雕窗即窗前加护栏的雕花木窗。栏杆雕窗的窗扇多为对开的两扇，雕花护栏位于窗扇下部，多数不髹漆，木雕工艺不惜工本，穷其精巧。栏杆雕窗流行于徽州一带，风格精致、华丽、富于层次感。宋代的阑槛钩窗极为优雅，是内装槛窗外设栏杆的一种复合样式，开窗后可以靠在栏杆上欣赏景致。从造型结构上分析，徽州的栏杆雕窗很可能源于宋代的阑槛钩窗。

栏杆雕窗　安徽黟县卢村

栏杆雕窗　　安徽黟县卢村

栏杆雕窗　　安徽黟县西递

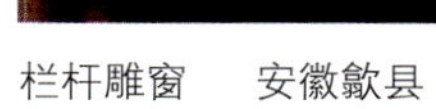

栏杆雕窗　安徽歙县

栏杆雕窗　安徽歙县

栏杆雕窗　　安徽黟县南屏

栏杆雕窗　　安徽黟县南屏

栏杆雕窗　　安徽黟县西递

栏杆雕窗　　安徽黟县卢村

栏杆雕窗　　安徽黟县卢村

栏杆雕窗　　安徽黟县西递

栏杆雕窗　江西婺源思溪

栏杆雕窗　安徽黟县西递

雕窗栏杆　江西婺源思溪

雕窗栏杆　安徽黟县西递

栏杆雕窗　　安徽歙县

栏杆雕窗　　安徽黟县卢村

叁

支摘窗

支摘窗

支摘窗是北方民居广泛采用的窗型。支摘窗也是在槛墙上满装的一种窗，窗扇为横长形状，分上、下两排，下排窗平时是固定的，必要时也可拆卸；上排窗可以向外支撑开启，支摘窗由此得名。窗扇由窗框和窗棂构成，窗棂上糊白色窗户纸，既挡风又透光。近代的支摘窗已演化成上段支窗糊纸，下段摘窗安玻璃的形式。支摘窗的窗屉多以细木条组成棂条类纹样。河北、山西一带民居的支摘窗带有浓重的民俗特色，每逢年节要贴窗画，内容有花卉、山水、鸟兽、鱼虫、人物故事等，窗画与檐柱上的春联相映生辉，烘托出辞旧迎新的喜庆。山西、陕北、河北等地民居，盛行在支摘窗上贴剪纸，或红色，或彩色，极富地域特色。

步步锦支摘窗　北京北海

卡子花步步锦支摘窗　　北京颐和园

万字拐子棂窗　成都望江楼

拐子纹窗棂　成都望江楼

亚字纹支摘窗　山西榆次常家庄园

万字拐子棂窗　四川大邑刘氏庄园

步步锦支摘窗　北京颐和园五方阁

支摘窗窗棂　北海快雪堂

步步锦棂窗　贵州青岩状元府

夔纹棂窗　成都武侯祠

支摘窗　　江苏徐州户部山

支摘窗　　江苏徐州户部山

支摘窗石雕窗台　　山西祁县长裕川茶庄

支摘窗石雕窗台　　山西祁县长裕川茶庄

步步锦玻璃屉支摘窗　山西代县

支摘窗　山西代县

支摘窗　　山西榆次常家庄园

支摘窗卡子花　　山西榆次常家庄园

四合如意纹支摘窗　北京恭王府

四合如意纹支摘窗　北京恭王府

步步锦支摘窗　　北京故宫

步步锦支摘窗　　北京恭王府

装饰剪纸的支摘窗　　山西代县

支摘窗　　徐州户部山民俗博物馆

步步锦支摘窗　山东曲阜孔府

冰裂纹棂窗　贵州青岩

肆

和合窗

和合窗

和合窗又名满周窗，常见于江南、华南一带的水榭和石舫。和合窗的结构与北方的支摘窗相似，组合排列于槛墙之上。窗扇也是横长形，多为三横排，其中最下一排是固定的，上面两排可以开启。活动窗扇靠支摘长钩支撑开启，下面横装销子作为关栓。和合窗启闭灵活，通风透气性好，很适应南方的闷热天气。

卷草纹和合窗 广东东莞可园

卷草纹和合窗 广东东莞可园

玻璃屉和合窗　杭州胡雪岩故居

井口纹和合窗　广州陈家祠

玻璃屉和合窗　　江苏扬州小盘谷

玻璃屉和合窗　　江苏扬州汪氏小苑

玻璃屉和合窗　江苏扬州个园

冰裂纹和合窗　江苏苏州耦园

玻璃屉和合窗　江苏扬州何园

玻璃屉和合窗　江苏扬州个园

伍 景窗

景窗

景窗是直接在墙上开洞的窗，窗扇的形状、大小、位置不拘一格，单扇、双扇均可。景窗的外框做成砖细宕子，内部为木窗框，有方、圆、六角、八角等样式。这种窗工艺精细，内、外均需起线做面，两面合角，有的还要做成双面芯子，一层与窗架嵌合，另一层用于夹镶玻璃。由于景窗适应性强，因此广泛应用于各类建筑中。园林中的景窗常配合对景，使景致入框成画。

六方景窗　　山西榆次常家庄园

景窗　山西榆次常家庄园祠堂

卷草拐子景窗　山西榆次常家庄园

卷草玻璃屉景窗　山西榆次常家庄园

八方景窗　成都都江堰城隍庙

步步锦纹景窗　山东潍坊十笏园

万字锦八方景窗　江苏苏州艺圃

套方龟背锦景窗　山西榆次常家庄园

八方景窗　　四川崇庆庵画池

套方万字锦景窗　　山西太谷曹家大院

冰梅纹八方景窗　　江苏苏州留园

夔纹景窗　　江苏苏州耦园

景窗　江苏苏州环绣山庄

步步锦纹景窗　北京颐和园佛香阁

陆 长窗

长窗

长窗大多安装在前后步架和前后廊架上，实为落地满装的隔扇，江南一带称之为长窗，北方称之为隔扇门。长窗兼有门、窗的功能，既方便出入，又可通风采光，而且便于拆装、组合，在江南园林和各种民间建筑中得以广泛应用。长窗多为上、下两段式结构，上段以心屉为主，下段有裙板、绦环板。也有不设裙板和绦环板的样式，以心屉贯串上下，是一种极为通透的做法，称之为“落地明造“。

金漆木雕长窗　上海嘉定汇龙潭

金漆木雕长窗　上海嘉定汇龙潭

四季平安裙板长窗　杭州郭庄

卷草纹长窗　广东佛山梁园

八方龟背纹长窗　江苏扬州汪氏小苑

长窗　江苏苏州沧浪亭闻妙香室

长窗　上海豫园涵碧楼

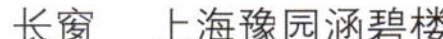

宫式长窗　上海松江醉白池

灯笼框长窗　江苏扬州何园

长窗　上海松江醉白池

长窗　上海嘉定汇龙潭

柿蒂纹长窗　江苏苏州网师园

灯笼框长窗　江苏扬州何园

八方龟背纹长窗　福建东山关帝庙

金漆木雕长窗　上海嘉定汇龙潭

长窗　浙江宁波秦氏支祠

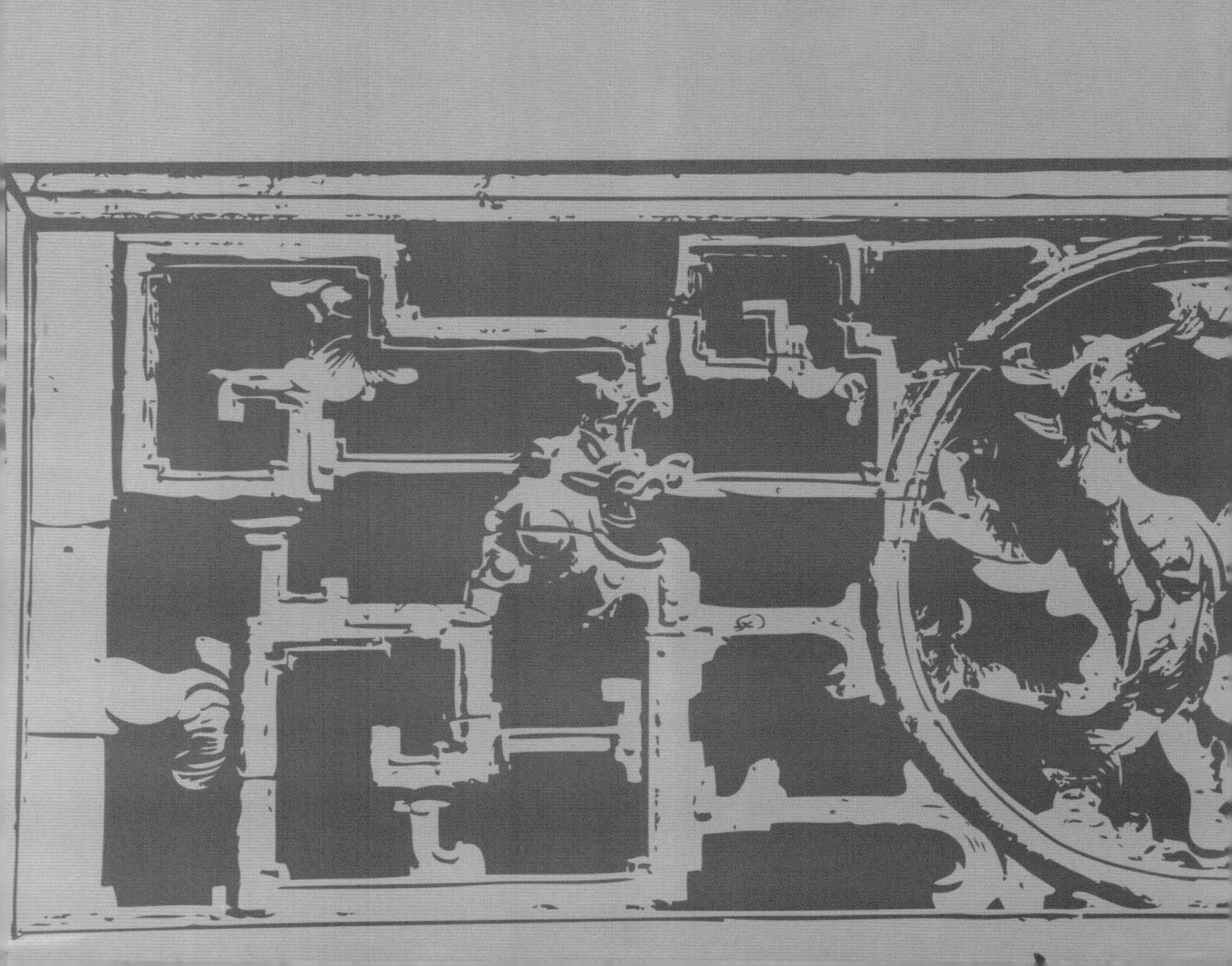

横披窗

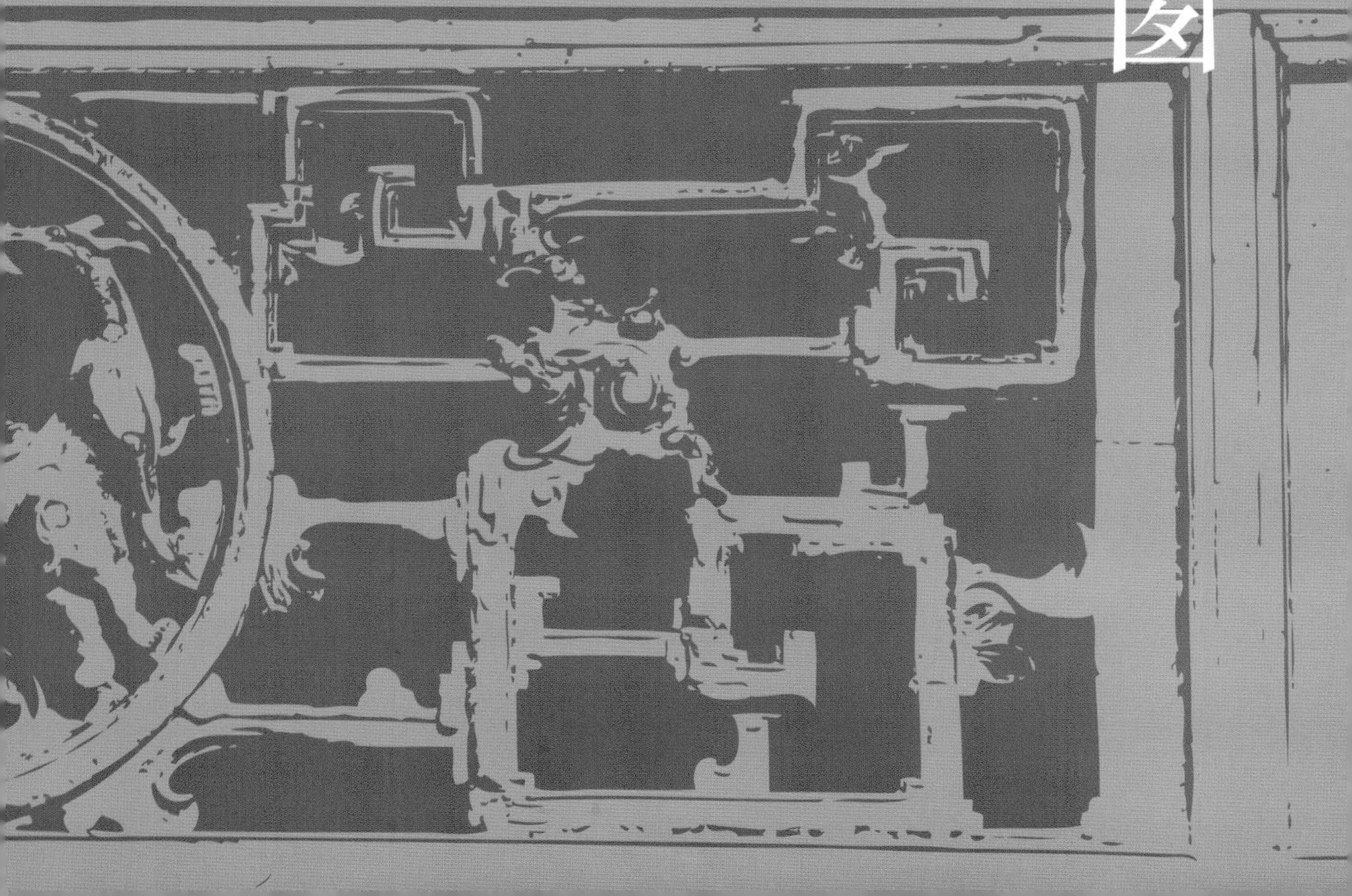

横披窗

横披窗又称横风窗。横披窗位于门或窗的上部，为的是扩大采光面积，并使立面更富整体感。立面较高的建筑，由于门、窗的高度有限，其上部尚有一段空间，为使立面更加通透，安装横向的窗屉，故称之为横披窗。横披窗一般位于中槛与上槛之间，用立柱将窗框分成若干段，然后在每段中做小窗，江南一带的横披也有一通到底不安立柱的。横披窗结构较为简单，仅以边框、棂心组成。棂心纹样有冰裂纹、步步锦、万字锦、套方、海棠纹、夔纹、菱花等。

暗八仙横披窗　　山西榆次常家庄园

西式横披窗　珠海梅溪陈芳宅

暗八仙横披窗　　山西榆次常家庄园

暗八仙横披窗　　山西榆次常家庄园

暗八仙横披窗　　山西榆次常家庄园

暗八仙横披窗　　山西榆次常家庄园

喜鹊登梅横披窗　福建泉州蔡宅

夔纹横披窗　贵州镇远

六合同春木雕横披窗　山西代县

一根藤纹横披窗　浙江东阳卢宅

万字锦横披窗　　河北蔚县白后堡

三交六椀菱花横披窗　　北京碧云寺

万字锦横披窗　　河北蔚县宋家庄

步步锦帘架横披　　河北蔚县暖泉镇西古堡

彩绘博古纹横披窗　山西榆次常家庄园

一品清廉木雕横披窗　山西榆次常家庄园

花鸟木雕横披窗　山西榆次常家庄园

彩玻璃横披窗　北京颐和园清晏舫

斜交四椀横披窗　　云南丽江

横披窗　　山西太原崇善寺

三交六椀菱花横披窗　广州六榕寺

横披窗与隔扇窗　云南大理喜洲

八角锦横披窗　河南巩义康百万庄园

花鸟木雕横披窗　山西榆次常家庄园

套方纹窗上横披　山西阳城黄城

套方龟背纹门上横披　山西阳城黄城

三交六椀菱花槛窗与横披窗　北京东岳庙

四合如意套方横披窗　山西祁县渠家大院

万字锦横披窗　陕西延安枣园

六合同春木雕横披窗　山西代县

斜交四椀横披窗　　云南丽江

菱花钱纹横披窗　　福建泉州蔡宅

捌
天窗

天窗

天窗即开在屋顶上的窗户。天窗能有效地改善室内的通风与采光条件，多用于封闭性较强的建筑。天窗多以玻璃等材料为心屉，既透光又防渗漏。天窗有两种基本类型，一种是能开启的天窗，兼有通风和采光的功能；另一种是固定于屋顶的天窗，无法开启只能采光。有的天窗在屋顶上设斜向雨篷，称之为老虎窗，优点是雨天也能兼顾通风、采光。蒙古包顶部中央留有“陶脑”，相当于天窗，白天用于通风透光，夜里盖上毛毡，便可抵御风寒，这种窗式颇有原始“囱”之遗风。

老虎窗　山西平遥

天窗　拉萨大昭寺

蒙古包的天窗——陶脑　北京中华民族园北京中华民族园

蒙古包的天窗——陶脑　　北京中华民族园

老虎窗　　山西榆次常家庄园

天窗　北京天坛井亭

天窗　广东佛山林家厅

天窗　安徽歙县

玖 漏窗

漏窗

漏窗又称花窗，本书特指院墙上有棂心的窗，多见于南方园林，是园林建筑中最富诗意的建筑构件。漏窗有通透的棂心，窗框有多种外形，如方形、圆形、扇形、梅花形、桃形、石榴形、莲花形等。这种窗一般不能开启，或镶嵌木构的棂心，或以砖瓦镶砌成通透的心屉，还有用铁花做心屉的漏窗样式。漏窗精美、通透，变化无穷，从窗棂后透漏出来的景致，又平添迷蒙虚幻之美。以漏窗透漏景物的造景手法称之为漏景，利用漏景渗透空间是中国传统造园的重要手法之一。

五福捧寿漏窗　上海嘉定文庙

松鹤砖雕漏窗　浙江宁波天一阁

冰裂纹漏窗　北京恭王府

瓦花漏窗　山东潍坊十笏园

万字锦漏窗　　广东佛山石湾林家厅

漏窗　江苏苏州寒山寺

漏窗　江苏苏州寒山寺

砖雕漏窗　　浙江宁波秦氏支祠

漏窗　　广东佛山梁园

漏窗　上海豫园三穗堂

漏窗　上海豫园三穗堂

寿字漏窗　　四川崇庆罨画池

夔纹什锦窗　　湖南凤凰

漏窗　　广东佛山梁园

八方漏窗　　山西榆次常家庄园

寿字砖漏窗　　成都洛带广东会馆

海棠纹漏窗　　广东番禺馀荫山房

海棠纹漏窗　　江苏扬州汪氏小苑

漏窗　　贵阳甲秀楼

漏窗　　贵阳甲秀楼

三喜砖漏窗　广西陆川谢鲁山庄

漏窗　江苏苏州沧浪亭清香馆

漏窗　　江苏苏州沧浪亭清香馆

卷草纹漏窗　　江苏苏州耦园

琉璃漏窗　广东东莞可园

院墙漏窗　安徽泾县茂林

冰裂纹八方漏窗　四川新都桂湖

松鹤漏窗　杭州净慈寺

冰纹拐子漏窗　江苏苏州拙政园

直棂石雕漏窗　福建泉州亭店杨阿苗宅

直棂石漏窗　　福建泉州蔡宅

子孙万代漏窗　　江苏苏州拙政园

漏窗　江苏扬州个园

廊墙漏窗　江苏苏州耦园

漏窗　江苏扬州瘦西湖白塔晴云

漏窗　上海松江醉白池雕花厅

冰裂纹漏窗　北京恭王府

园墙漏窗　江苏镇江金山寺

漏窗　上海松江醉白池玉兰院

漏窗　江苏苏州留园

拾/什锦窗

什锦窗

什锦窗又称什样锦，常见于北方园林建筑，结构类似南方的漏窗，一般尺度不大。窗框造型丰富，有圆形、六方、八方、扇面、梅花、桃、石榴等多种样式。什锦窗有三种结构类型：窗框内如果设通透的单层棂心，则与漏窗相似；如果框内设双层心屉，贴花纸、纱或镶嵌玻璃，称之为夹樘什锦窗，这种窗相当于灯箱，内部可安装灯具，透光的夹层上还可题诗作画，成为极富观赏性的灯景；还有一种镶嵌在墙上的“假窗”，不能透光，仅用于装饰墙面。什锦窗不仅有悦目的观赏效果，还能加强建筑的通透感。

北京恭王府

夹樘式什锦窗　北京颐和园

夹樘式什锦窗　北京颐和园

夹樘式什锦窗　北京颐和园

夹樘式什锦窗　北京颐和园

夹樘式什锦窗　北京颐和园

镶嵌式什锦窗　北京中山公园

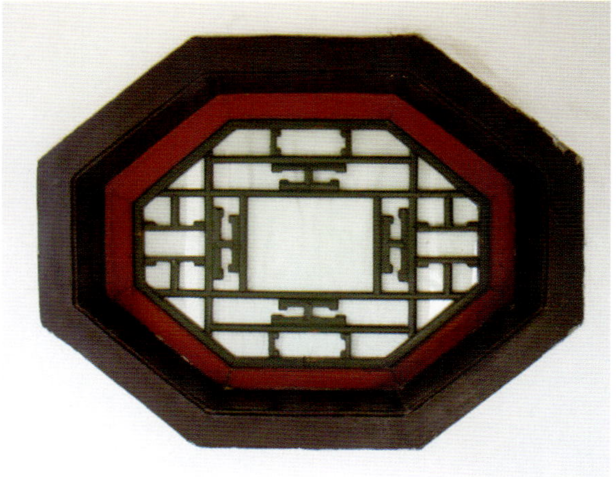
步步锦什锦窗　北京中山公园

镶嵌式什锦窗　北京中山公园

镶嵌式什锦窗　北京中山公园

镶嵌式什锦窗　　北京中山公园

楼廊什锦窗　　江苏扬州何园

江苏镇江金山

卷草玻璃屉什锦窗　江苏镇江金山

江苏镇江金山

江苏镇江金山

什锦窗　杭州净慈寺

云龙纹什锦窗　杭州净慈寺

镶嵌式什锦窗　北京中山公园

扇形什锦窗　广东东莞可园问花小院

砖雕窗套什锦窗　西安化觉巷清真寺

蕉叶式什锦窗　广东东莞可园

团寿什锦窗　河北保定古莲花池

瓜瓞什锦窗　广东东莞可园绿漪楼

砖雕假窗　浙江宁波秦氏支祠

砖雕假窗　江苏苏州寒山寺

砖雕假窗　上海豫园

砖雕假窗　浙江柯桥

砖雕窗套什锦窗　　北京恭王府

砖雕窗套什锦窗　北京万寿寺

拾壹 洞窗

洞窗

洞窗又称空窗，即墙上不设窗扇的窗洞，常见于园林建筑。洞窗仅有窗框，结构简单，形状、大小和位置却十分讲究。窗框有方形、长方形、六方形、圆形等多种样式。传统园林常配合景致营造洞窗，框景成画，引人观赏。在园林设计中，有意识地设置框洞式结构，将优美景致收于框内，从而产生绘画般赏心悦目的艺术效果，这一成景手法称之为框景。空窗是创造园林框景的重要手段，易于勾起游人寻幽探景的雅致，杜甫的诗句“窗含西岭千秋雪，门泊东吴万里船”，则是框景效应的最佳写照。

什锦洞窗　江苏扬州何园

什锦洞窗　江苏扬州何园

洞窗　　云南大理市博物馆

圆洞窗　　江苏扬州个园冬山景区

海棠式洞窗　　江苏扬州瘦西湖徐园

椭圆洞窗　　江苏苏州木渎严家花园

扇形洞窗　　江苏同里退思园

扇形洞窗　　海南三亚南山寺

洞窗　杭州郭庄

洞窗　上海松江方塔园

洞窗　杭州郭庄

洞窗　江苏苏州留园石林小院

洞窗　江苏扬州片石山房

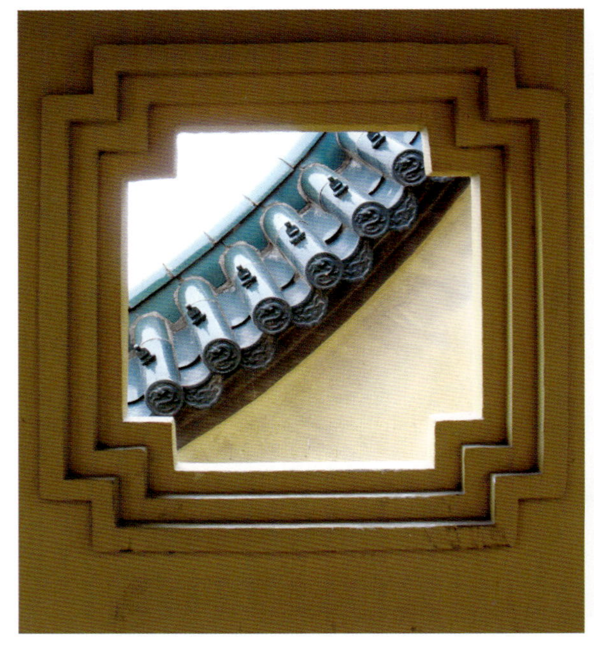

十字形洞窗　江苏镇江金山寺

梅花式洞窗　江苏镇江金山寺

十字形洞窗　江苏镇江金山寺

十字形洞窗　江苏镇江金山寺

象征节气的24个孔洞　　江苏扬州个园冬山景区

桃式洞窗　北京北海静心斋

海棠式洞窗　北京颐和园

什锦洞窗　江苏扬州何园

八方洞窗　江苏苏州留园

洞窗　　江苏苏州留园

洞窗　　山东潍坊十笏园

洞窗　　山东潍坊十笏园

洞窗　杭州郭庄

洞窗　江苏苏留园

洞窗　杭州郭庄

拾贰 牖窗

牖窗

古时称直接从墙上开洞的窗户为牖。“蓬户瓮牖”是形容穷苦人家房屋简陋的成语，典出于《礼记•儒行》，意思是以蓬草编成门，以破瓮口做成窗。所谓瓮牖，即圆如瓮口的一种牖窗。在本节中，牖窗一般指山墙或后檐墙上开设的窗以及某些附属建筑的小窗。牖窗是住宅建筑的附属性窗，有加强通风、采光的作用，窗户一般不大，窗框造型也较少变化，形状以圆形、方形、六角形等为主。

法轮牖窗　南京鸡鸣寺

牖窗　山东日照浮来山定林寺

山墙牖窗　北京恭王府

山墙牖窗　山西交城卦山书院

山墙牖窗　江苏苏州鹤园

牖窗　西安小雁塔

山墙牖窗　河北蔚县宋家庄

山墙牖窗　陕西韩城

牖窗　四川大邑刘氏庄园

海棠纹琉璃牖窗　福建漳州

博古纹玻璃屉牖窗　山西榆次常家庄园

牖窗　山东日照浮来山定林寺

冰裂纹牖窗　北京碧云寺

牖窗　江苏苏州文庙

砖雕牖窗　上海豫园

牖窗　山东日照浮来山定林寺

牖窗　　西安小雁塔

卷草牖窗　　四川大邑刘氏庄园

拾叁
透风

透风

透风又称透气，是尺度最小的一种窗，也是中国独具特色的一种建筑构件。透风位于墙外面偏下部位，主要功能是通风、透气，避免墙内木柱受潮腐蚀。北方砖砌建筑的透风多为砖透雕结构，南方建筑的透风往往采用石透雕结构，而且位置更靠近地面。透风的形状多数为方形或长方形，也有采用圆形、六角形和其他形的。透风的饰纹多为寓意吉祥的图案，有点缀墙面的装饰作用。

万字透风　云南丽江大宝积宫

组形字透风　北京北海快雪堂

团寿透风　北京北海快雪堂

套环透风　北京北海

透风　北京北海

卷草透风　　北京天坛

花卉透风　　北京潭柘寺

花鸟透风　　北京颐和园

菊花透风　　北京北海

长寿透风　安徽黟县卢村

花卉透风　四川黄龙溪

凤戏牡丹透风　甘肃庆阳小崆峒

花卉透风　浙江宁波天一阁

鱼戏莲透风　北京北海快雪堂

荷花透风　北京北海快雪堂

水仙透风　北京颐和园

盘长葫芦透风　北京北海快雪堂

暗八仙石透风　陕西三原城隍庙

万字流水透风　北京碧云寺

喜鹊登梅透风　北京白云观

桃花透风　北京故宫

带透风的宫墙　北京故宫

钱纹透风　山东曲阜孔庙

钱纹透风　北京故宫

拾肆 棂格窗

棂格窗

棂格窗也是直接开在墙面上的一种窗，特点是窗扇固定不可开启，棂格多为整片结构。这种窗大概源于古代的牖窗，但尺度较大，多为矩形。棂格窗后面可裱糊窗纸，既可透光又挡风寒，有的在内部设可开启的玻璃窗。棂格窗结构简单，装饰性强，在民居中应用较多。

棂格窗　山西榆次常家庄园

双交四椀菱花棂格窗　　云南丽江白沙金刚殿

棂格窗　　山西榆次常家庄园

灯笼锦棂格窗　　山西灵石王家大院

棂格窗　　山西榆次常家庄园

棂格窗　　山西榆次常家庄园

棂格窗　　山西榆次常家庄园

套方四合如意棂格窗　　陕西韩城党家村

冰裂纹棂格窗　　北京恭王府

棂格窗　　山西襄汾丁村

万字棂格窗　　湖北宜昌黄陵庙

万字棂格窗　　湖北宜昌黄陵庙

灯笼锦棂格窗　　山西灵石王家大院

龟背柿蒂纹棂格窗　　四川阆中滕王阁

山西榆次常家庄园

棂格窗　湖北宜昌黄陵庙

灯笼锦棂格窗　山西灵石王家大院

夔纹棂格窗　湖南凤凰

花鸟纹棂格窗　河南巩义康百万庄园

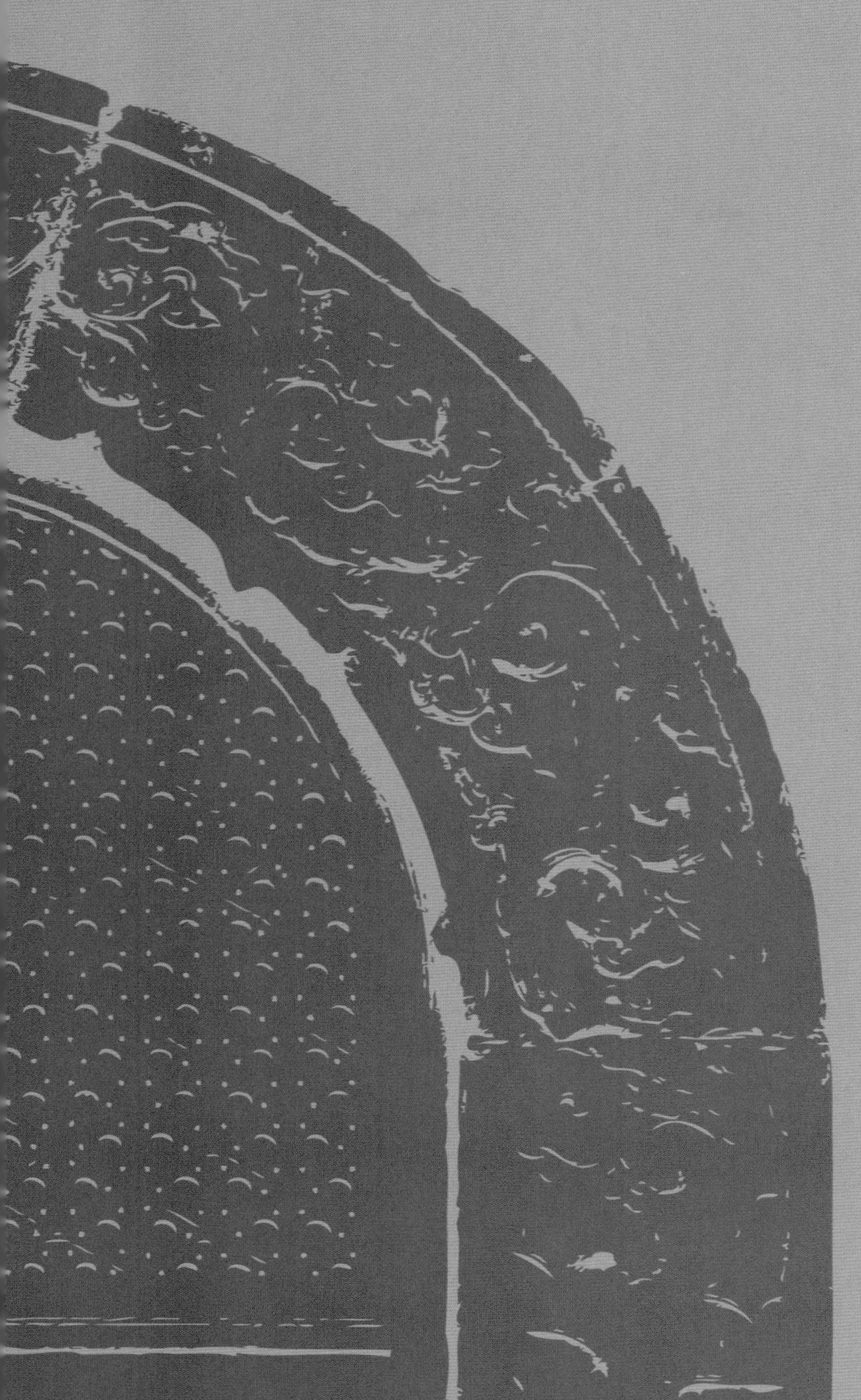

拾伍 拱券窗

拱券窗

拱券窗即上部为弧形拱券的窗，一般为上、下两段式结构，上部弧形拱券部分相当于横披窗，下部为矩形半窗。拱券窗常见于寺庙建筑。佛寺的拱券窗颇具特色，窗套常以精美的石雕或砖雕装饰。清中期以后，文艺复兴、巴洛克、洛可可等西方建筑风格传入中国，对东南沿海地区影响尤深。西式建筑的窗多为拱券造型，装饰纹样有卷草、贝壳等，并辅之以各种线角，也有的用彩色玻璃镶嵌而成。中国的西式建筑大多兼融本土风格，有中西合璧的特点。

三交六椀木窗　北京北海阐福寺

石券百页窗　　广东珠海梅溪陈芳宅

回族拱券窗　北京民族园

拱券窗　西宁塔尔寺

万字锦拱券窗　济南万竹园

拐子纹拱券窗　山西祁县渠家大院

拱券窗　陕西延安太和山道观

拱券窗　新疆喀什玉素甫麻扎

斜交四椀拱券窗　北京戒台寺

三角券窗　云南大理喜洲严家大院

石券窗　　北京北海永安寺

石券窗　　北京碧云寺

井口龟背纹拱券窗　　山西阳城黄城相府

海棠灯笼框拱券窗　　山西太谷曹家大院

团寿灯笼框拱券窗　　山西太谷曹家大院

拱券窗　　山西祁县乔家大院

拱券窗　　四川昭化

三角券窗　　云南大理喜洲严家大院

灯笼框拱券窗　　山西祁县乔家大院

砖雕拱券窗　　河北正定临济寺青塔

西式拱券窗　　广东隆都前美陈宅

西式拱券窗　　广东隆都前美陈宅

拱券窗　山西祁县乔家大院

拱券窗　四川大邑刘氏庄园

拾陆 窑洞窗

窑洞窗

窑洞窗即窑洞上的组合式窗，多见于山西、陕北等地区。黄土高原上的窑洞，门一般设在拱形洞口的下部，上部设弧形横披窗，门两侧设半窗。窗棂以方格为主，辅之以套方、井口、万字、柿蒂、盘长等纹样。窑洞窗的拱券部分面积较大，由若干心屉对称组合而成，下部的门、窗与拱券组合，形成极富整体感的拱券式构图。

窑洞窗　　绥德辛店石合铺村

窑洞窗　　山西灵石王家大院

窑洞窗　　陕西清涧高家沟村

窑洞窗　　吴堡义和王家坪

窑洞窗　　山西柳林孟门前冯家村

窑洞窗　　山西柳林孟门后冯家村

窑洞窗　柳林孟门村

窑洞窗　柳林孟门村

窑洞窗　绥德辛店石合铺村

窑洞窗　陕西清涧高家沟村

窑洞窗　　山西柳林孟门后冯家村

窑洞窗　　山西柳林孟门前冯家村

窑洞窗　　陕西清涧高家沟村

窑洞窗　　绥德辛店石合铺村

窑洞窗　柳林孟门村

拾柒
藏式窗

藏式窗

藏式窗即藏式碉楼建筑的窗户。碉楼是一种封闭性较强的建筑，窗户一般不大，上部有挑出的窗檐，檐下常悬挂窗帘，以适应高寒与强辐射的恶劣气候。藏族认为窗檐是碉楼的眉毛，窗口是明亮的眼睛，因此窗的造型明快，装饰别具特色。窗框外饰以黑或白色的窗套，多为梯形构图，装饰华丽，色彩鲜艳，与碉楼的整体造型相呼应。四川甘孜一带的藏族民居为井干式建筑，窗框很宽，饰以色彩鲜艳的连续纹样，整体风格富丽堂皇。

藏式窗　拉萨大昭寺

藏式窗　　云南香格里拉

藏式窗　拉萨布达拉宫

藏式窗　拉萨大昭寺

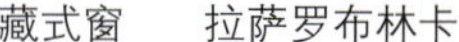

藏式窗　　拉萨罗布林卡

藏式窗　　拉萨大昭寺

藏式窗　四川理县邱地村

藏式窗　四川理县邱地村

藏式窗　西藏日喀则扎什伦布寺

藏式窗　云南中甸松赞林寺

藏式窗　　云南中甸

藏式窗　　拉萨罗布林卡

藏式窗　四川甘孜炉霍

玻璃屉藏式窗　云南中甸

藏式窗　　四川马尔康松岗

藏式窗　　云南香格里拉松赞林寺

藏式窗　　四川马尔康松岗

藏式窗　　四川马尔康松岗

【参考书目】

肖默. 中国建筑艺术史. 北京：文物出版社，1999.
谢玉明. 中国传统建筑细部设计. 北京：中国建筑工业出版社，2001.
孙宗文. 中国建筑与哲学. 南京：江苏科学技术出版社，2000.
田永复. 中国园林建筑构造设计. 北京：中国建筑工业出版社，2004.
马炳坚. 北京四合院建筑. 天津：天津大学出版社，1999.
吴庆洲. 建筑哲理、意匠与文化. 北京：中国建筑工业出版社，2005.